FLEUR CRÉATIF
Spring

春生的色彩

创意花艺

[比利时]《创意花艺》编辑部 编
译林苑(北京)科技有限公司 译

中国林业出版社
China Forestry Publishing House

创意花艺
春生的色彩

图书在版编目（CIP）数据

创意花艺. 春生的色彩 / 比利时《创意花艺》编辑部编；译林苑（北京）科技有限公司译. — 北京：中国林业出版社, 2019.9

ISBN 978-7-5219-0280-8

Ⅰ.①创… Ⅱ.①比… ②译… Ⅲ.①花卉装饰—装饰美术 Ⅳ.①J535.12

中国版本图书馆CIP数据核字（2019）第218155号

责任编辑：印 芳 王 全

出版发行：中国林业出版社（100009 北京市西城区德内大街刘海胡同7号）
印　　刷：北京雅昌艺术印刷有限公司
版　　次：2019年11月第1版
印　　次：2019年11月第1次印刷
开　　本：210mm×278mm
印　　张：6
印　　数：4000册
字　　数：150千字
定　　价：58.00元

花艺目客公众号

自然书馆微店

《创意花艺——春生的色彩》设计师团队

席琳·莫罗
（Céline Moureau）
lespetitesideesdemity@gmail.com

艾尔·格登斯
（Els Geerdens）
els.geerdens@telenet.be

赫尔曼·范·迪南特
（Herman Van Dionant）
herman.van.dionant@telenet.be

希尔德·德莫尔
（Hilde Demol）
demolhilde@yahoo.com

简·德瑞德
（Jan Deridder）
info@bloembinderijderidder.be

库尔特·蒂尔金
（Kurt Tilkin）
kurt@bloemenblavier.be

鲁格·里格
（Luc Rigaux）
lucrigauxmarie@hotmail.fr

马丁·德西
（Martine Dessy）
martine.dessy@skynet.be

马丁·默森
（Martine Meeuwssen）
martine.meeuwssen@skynet.be

米克·霍夫克
（Mieke Hoflack）
Familie.de.wilde@telenet.be

莫尼克·范登·贝尔赫
（Moniek Vanden Berghe）
cleome@telenet.be

帕斯卡尔·范纳
（Pascal Phaner）
p.phaner@yahoo.fr

菲利浦·巴斯
（Philippe Bas）
info@philippebas.be

瑞金·莫特曼
（Regine Motmans）
floregineel@me.com

丽塔·范·甘斯贝克
（Rita Van Gansbeke）
rita.vangansbeke@telenet.be

苏伦·范·莱尔
（Sören Van Laer）
sorenvanlaer@hotmail.com

伊夫·摩尔曼
（Yves Moerman）
yves.moerman@telenet.be

总策划 *Event planner*
比利时《创意花艺》编辑部
中国林业出版社

总编辑 *Editor-in-Chief*
An Theunynck

文字编辑/植物资料编辑 *Text Editor*
Kurt Sybens / Koen Es

美工设计 *Graphic Design*
peter@psg.be-Peter De Jegher

中文排版 *Chinese Version Typesetting*
时代澄宇

摄影 *Photography*
Kurt Dekeyzer, Kris Dimitriadis
比利时哈瑟尔特美工摄影室

行业订阅代理机构 *Industry Subscription Agent*
昆明通美花卉有限公司, alyssa@donewellflor.cn
0871-7498928

联系我们 *Contact Us*
huayimuke@163.com
010-83143632

"你可以采完所有的花
但无法阻止春天的到来"

~ 巴勃罗·聂鲁达 ~

丽塔·范·甘斯贝克（Rita Van Gansbeke）将她的嚏根草展览命名为"生命的快乐"。那是一个多么美好的春日开始。事实上，有什么比"生命的快乐"更能象征春天呢？在一次深度冬眠之后，大自然的所有生命都会重现生机。树芽在冬天慢慢的孕育、成长，春天到来时，便突然绽放出鲜绿的叶片。

水仙花、郁金香、番红花等种球正在春日的花园里崭露头角……也是时候为夏季的繁花播下种子了。

"你可以采完所有的花，但无法阻止春天的到来。"这是引自智利诗人巴勃罗·聂鲁达（Pablo Neruda）的精彩诗句。

本书的主题是"春生的色彩"。美丽的情人节作品绽放出早春的第一抹亮色。我们用娇弱但浓烈的鲜花象征爱情。心形的造型增加了浪漫的感觉。我们利用新颖、原创的嚏根草作品带来"生命的快乐"。

多彩的郁金香和姿态伸展的枝条是春日设计中不可或缺的一部分。我们《创意花艺》团队的花艺师在书中展示了如何更好地处理这些材料的技巧和创意。

当我们提到"自然"这个词时，蓝色也许不是我们想到的第一种颜色，但春天有很多蓝色花朵：风信子、紫罗兰、勿忘我、银莲花、葡萄风信子、绵枣儿……它们使我们"跳出常规"，让我们创造出独特的设计。在布置过暖色调+烛光的巴洛克式冬季主题餐桌花装饰之后，我们需要清新的白色、黄色和更柔和的色调。

充满"生命力"的春季花艺潮流应与自然融为一体。大自然绝对是捕捉流行趋势时最大的灵感来源之一！生命力的颜色聚焦在绿色、紫色和粉红色。享受富有创意的春天吧！反正即使从花园剪掉了所有的花，我们也无法阻止春天的到来！

安东尼克
An Theunynck

《创意花艺》系列书的原版《Fleur Créatif》，出版地为比利时。欧洲最受欢迎的花艺出版物，简体中文版首次登录中国大陆！中国林业出版社独家引进。

本书共6册，分别为春、夏、秋、冬4册和特别策划专题花艺2册。内容汇聚了顶尖花艺师的优秀花艺作品，引领欧洲乃至世界花艺潮流前沿，是花艺爱好者学习提升、花艺师技术进阶所必需的、不容错过的花艺读本！

您将看到最潮流的花艺设计作品，每个设计作品包括：重点步骤介绍、色彩搭配、材料介绍、制作方法等分析制作过程，超清大图，赏心悦目！从多角度展现花艺作品架构和应用场景，不同单册展现的不同设计主题，助力您全面提升花艺作品的造型力、设计力、创意力。

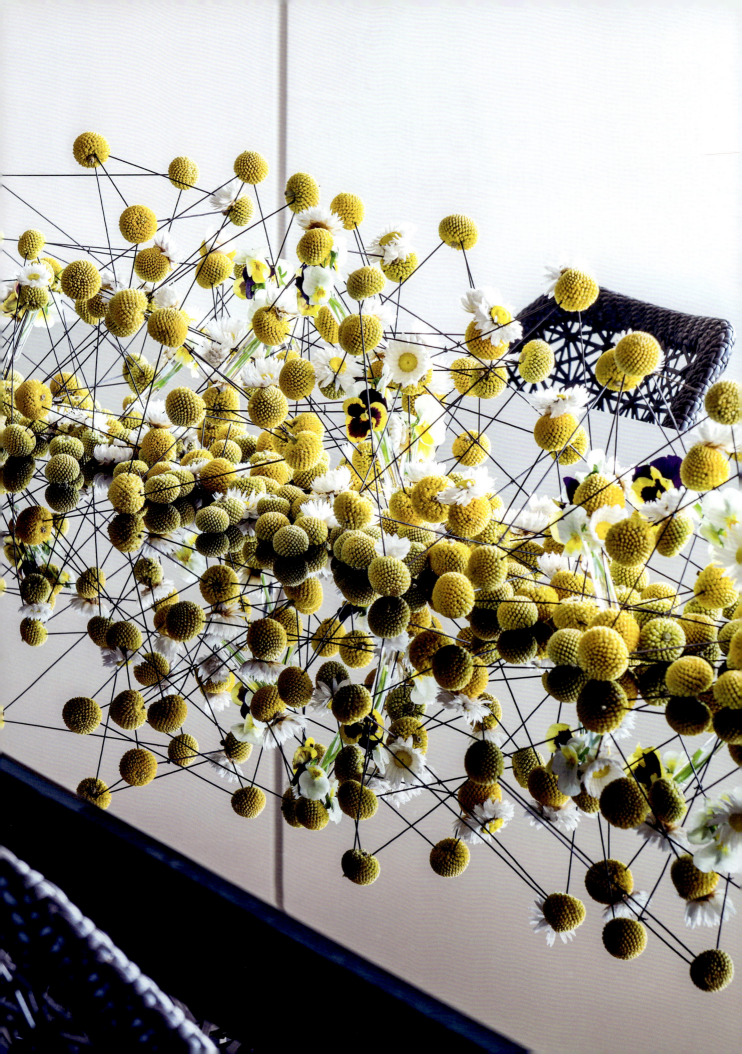

目录 Contents

春季 Spring

有花的 365 天	8
尚塔尔·波斯特：捧着搭档设计的花束去嫁人	10
FLOOS 专栏——多米尼克·赫罗尔德	13
罗伯特·科恩：铺满鲜花的童话婚礼	15

新娘手捧—花艺师的必修课	18
情人节	28
小枝意趣	36
桌畔之春	46
怒放的春之蓝	52
花艺色彩潮流—春日的"生命力"	60
铁筷子演绎—"生命的快乐"	68

生命的快乐

丽塔·范·甘斯贝克（Rita Van Gansbeke）	78

无穷尽的创造力为我加分

帕斯卡尔·范纳（Pascal Phaner）	85
EMC 春日创作	91

Sören Van Laer wins GOLD at the International Indoor Floriculture Competition in Taiwan

苏伦·范·莱尔
获得中国台湾国际室内花卉栽培大赛金奖

2018年11月3日至2019年4月24日，中国台湾花卉博览会举办。此次活动以国际室内花卉栽培比赛拉开序幕。不同组别（花艺组）不少于35人。要求他们装饰一个摊位，至少要保持花卉一个月内新鲜。参赛者包括著名的亚历克斯·塞古拉（Alex Segura，西班牙），布里吉斯·海因里希斯（Brigitte Heinrichs，德国），伊内克·图兰甘（Ineke Turangan，印度尼西亚）和苏伦·范·莱尔 Sören Van Laer）。苏伦用冷冻干燥的牡丹和玫瑰（Belle d'Avalane）制作了一个童话般的花卉景观，花朵巨大（花朵头直径40~50 cm）。苏伦不仅在花艺颁奖典礼上获得金牌，还获得了"最受推崇的艺术作品奖"。

Basic **Modern Ceramic**
Styled With a Chic Look

造型别致的
基本款**现代陶瓷**

自 1895 年以来，莫巴赫家族（Mobach）的五代人，连同一组员工，一直在乌得勒支卡·纳尔威格河畔的一座历史建筑里制作精美的陶瓷。20 年来，工作方法并没有真正改变过。所有的陶瓷要么是"扔"在一个转轴上，要么是由在陶瓷转盘轴上手工制作而成的。

莫巴赫陶瓷是限批次生产的，或是独特的孤品。抛制工艺、手工成型、釉料和烧制工艺确保每一块陶瓷都是独一无二的。

莫巴赫陶瓷公司每年 11 月都会组织一次开放参观活动。在花艺师展厅里有一个特别的花卉展览，由当地或国际著名的花艺师装饰，还会在陶器上做装饰，你可以看到整个生产过程。莫巴赫陶瓷博物馆也可以参观，在这里陈列着精选的莫巴赫陶瓷作品，这些作品是 120 多年来的创作集萃。

《创意花艺》的工作人员为 2018 年的开放参观日装饰了这些特殊的陶瓷作品。天户（Mikado）建筑中美丽的树枝创作、漂浮的石头、柳条编织的龙卷风、装满草的美丽花瓶——所有这些都是为了完成这个令人惊叹的展览。

汉尼可·弗兰克玛赢得荷兰锦标赛冠军

Hanneke Frankema is the Dutch champion

近 11 名决赛选手在荷兰锦标赛决赛中争夺冠军头衔。这是一场激动人心且充满挑战的比赛，候选人要求制作五个具有挑战性的创作：悬挂物、房间装饰、汽车装饰、花束和花领。汉尼可可以在接下来的四年里称自己为荷兰冠军，她可以代表荷兰参加 2020 年在波兰举行的欧洲花艺锦标赛。汤姆·希伯斯（Tom Siebers）赢得银牌，格特耶·施廷斯特拉（Geertje Stienstra）获得铜奖。

摄影 / 尼科·阿尔塞姆吉斯（Nico Alsemgees）

6 运用冬天花材实现有趣、时尚和简洁的设计

花枝绽放

春天也意味着灌木开花了。它们遍布我们的花园。找些连翘、欧洲荚蒾的枝条……把它们放到室内,让它们绽放,再加上一束花烛和澳蜡花,春意满室。

丰裕春色

当你提到春天这个词时,你可能会想到水仙花、郁金香、番红花……但春天更是这些花的季节:贝母、小苍兰、金雀花、榛子、鸢尾、香豌豆、欧丁香、晚香玉。用花泥覆盖花盆的底部,并把欧丁香插入花泥中。然后随意插入其他春季花材。

纯·白

一个展示春天自然美的花艺作品。春天是新生命的季节,新生命是纯洁的。白色象征着纯洁。白色的花毛茛和铃兰陈放在铺满白色金丝桃浆果的花床上,呈现出一个白色蓬松的巢。

毛茸花瓶中的烛状插花

用毛毡和羊毛覆盖简单的白色花瓶,看起来好像穿着羊毛外套。带有蜡烛状花序的花,如金鱼草、晚香玉和冷杉等完美贴合在狭窄的瓶颈中。运用不同花序形状进行搭配,如水仙花、补血草、榛子,你可以创造出一些有趣的花束。

抢眼的风信子

风信子是引人注目的花朵,可作为花束中的主花。该作品用铁丝制成圆形结构,并在其中插入四色的双层风信子。

'玫瑰人生'

粉色是一种梦幻般的颜色,代表着女性的力量,温柔而娇弱。所以它非常适合早春。在这束花的中心是一束紧凑、芬芳的夜来香,周围环绕着柔和粉红色夜来香。粉红色的满天星让作品更加柔和。

CHANTAL POST

捧着搭档设计的花束去嫁人

摄影 / 阿诸德·亚凯（Arnaud Siquet）& 斯特凡·范·贝洛（Stefan Van Berlo）

尚塔尔·波斯特（Chantal Post）去年夏天结婚时，她希望鲜花成为她婚礼的亮点。她布置了婚宴厅和桌子的装饰，将许多不同的花朵组合，用粉红色和铜色相互掩映衬托，然后加入了数百支蜡烛，营造出温馨宜人的婚礼氛围。

她想要一个特别的新娘捧花，一个代表自己的新娘花束……最重要的是，她希望她的新娘捧花是一个惊喜。所以她让她的同事Stefan Van Berlo（斯特凡·范·贝洛）制作了她的新娘捧花。对于斯特凡来说，这是一项非常具有挑战性的任务，因为为一位花艺师朋友制作婚礼捧花与为顾客制作婚礼捧花完全不同。

尚塔尔选择了捧花的颜色和花材。斯特凡的设计灵感来自于婚纱以及尚塔尔的特点和个性。成品展现在眼前的是一个特别美丽、大型的粉橙色和粉红色的新娘捧花。斯特凡觉得作为花艺师的新娘应该有一个稍大的花束。

他还附上了一段非常有特色的文字："我是你的捧花！"

尚塔尔·波斯特

我是你的捧花
I Am Your Bridal Bouquet

为你量身定制的设计!
与你的个性和华丽的婚纱相得益彰,
我希望让这一天变得特别……

我是一束为顶级花艺师制作的捧花!
你是一位性格强韧的女性,
因此我的外形也非常稳固。
但有时我也有脆弱的一面,
因此我的结构是用梨木做的。
树枝看起来强壮有力,但非常脆弱。
这些枝条可以托起很多水果,
这象征着你拥有的多才多艺。
就像你的裙子一样,我纤细修长,顶部半透明;
藤蔓流洒,沿着花束延伸,像叶脉一样装点着花束。
我希望你能看到捧花与婚纱的呼应,
和我一起享受这美好的一天!

——你的新娘捧花

FLOOS 专栏
——多米尼克·赫罗尔德

"Floos"成立于 2014 年 8 月。是一个互动的、数字化的和国际化的花艺学习、交流网络平台，由卡尔斯·方塔尼拉斯（Carles Fontanillas）创建。

多米尼克·赫罗尔德（Dominique Herold）是柏林的花艺大师。2012 年，她与彼得·阿斯曼（Peter Assmann）在德国花卉设计学院获得硕士学位。自 2013 年以来，她一直是一位独立花艺师，专注于婚礼的花艺创作，曾担任过斯坦·阿勒·汉森（Stein Are Hansen）和林惠理（Elly Lin）等顶级设计师的助理。她还举办研讨会、沙龙，并在展览会上布置美陈。

多米尼克的标志性作品之一是花束。这种设计非常不容易，因为要将每个元素的通透感、动感、相互的搭配结合都展现在一捧花里。这种花束与我们通常看到紧凑型花束形成鲜明对比。在这个例子中，多米尼克展示了如何用许多不同风格的花创作出透明度、深度和节奏感。这是一种完美的色彩组合，蕴含着花朵的能量。每朵花在颜色、动感和风格上都发挥着自己的作用。

香豌豆、日本茵芋、紫盆花、百合、六出花、鸢尾、紫罗兰、绣球、落新妇

Lathyrus odoratus sp.
Skimmia japonica 'Rubella'
Scabiosa atropurpurea 'Rasberry Scoop'
Lilium (Martagon Grp) 'Claude Shride'
Alstroemeria sp.
Iris 'Cimarron Strip'
Matthiola incana 'Milla Salmon'
Hydrangea macrophylla 'Norah'
Astilbe chinensis 'Vision Inferno'

白木胶、手工纸花、扎花胶带、铝丝、麻绳

1. 拿一些铝丝，把它做成叶子的形状。
2. 用浸水的纸和白色的木胶把它盖住，这样它就能粘得很牢。
3. 最后用装饰丝带把它装饰一下。
4. 将几片叶子连在一起形成一个"开放"的形状。将花添加到架构中。

ROBERT KOENE

摄影 / 福蒂斯·卡拉皮佩里斯（Fotis Karapiperis）

铺满鲜花的童话婚礼
A fairy tale wedding full of flowers

您是否梦想在一个独特的地方举办婚礼、周年庆典或特别派对？

位于荷兰北部桑特波尔特的杜因·克鲁伊德·贝格庄园（Duin & Kruidberg estate）是一个非常特别的地方。这个乡村庄园像荷兰境内的一颗宝石，历史悠久。它曾经是荷兰省督、威廉三世（stadtholder Willem III，后来成为了英国国王）的狩猎小屋。

罗伯特·科恩（Robert Koene）和简·范·多斯博格（Jan van Doesburg）与他们的国际学生一起装饰了这个美丽的庄园。他们在庄园里使用的鲜花来自荷兰：美丽的花园玫瑰，壮观的绣球花，色彩绚丽的万带兰、双花百合和大蝴蝶兰。

一辆装满满天星的马车，一个花卉凉亭，一个铺满白色蝴蝶兰花的新娘遮阳伞和装饰华丽的桌子，在路易十四的房间里举行盛大晚宴，我们梦想中童话般的盛宴。

罗伯特和简共同开发了这个"花卉目的地"，组织了精彩的花艺游学活动。

罗伯特·科恩

罗伯特·科恩

曼努埃拉·安辛（Manuela Mensing）/ AoF

新娘手捧——花艺师的必修课
Academy of Flowerdesign (AoF)
Brings Innovative Bridal Work

摄影 / 迈克尔·加塞尔（Michael Gasser）(A)

25年来，花艺大师妮可·冯·博勒茨基（Nicole von Boletzky）一直致力于优质的培训，并与其学生分享经验。她充分了解花卉行业需要哪些知识，每年和一群经验丰富的老师一起，教授一批批的花艺设计研究生。

花艺设计学院是世界上最著名的花艺类学校之一。从一年前开始，学校也为初学者提供专业的花艺教育。

每年固定的创意设计题目之一就是制作一个新娘花束。不仅设计很重要，还必须体现创意性，以及能完美地实践制作。

20

新娘手捧——花艺师的必修课

新娘手捧——花艺师的必修课

凯瑟琳·迈尔（Katharina Meier）/ AoF

韦雷娜·斯林格（Verena Irsslinger）/ AoF

达尼埃拉·豪译（Daniela Hauser）/ AoF

曼努埃拉（Manuela Mensing）/ AoF

瓦莲京娜·哈伊尼（Valentina Hajny）/ AoF

伯翰娜·兰德（Johanna Randé）/ AoF

妮科尔·贝茨查特（Nicole Betschart）/AoF

坦尼亚·英纳霍芬(Tanja Innerhofen)/ AoF

春天6个花艺主题设计

充满"生命力"的春季花艺潮流最能表现出一个道理：自然界丰美是许多创意非凡者的灵感来源。我们拥有多种特别的材料、多种颜色的美丽生态系统。"生命力"的花艺色彩潮流聚焦在绿色、紫色、粉红色。《创意花艺》的花艺师们受到大自然的启发，创作了这些色彩结合的作品。他们还使用了以下造型技术，如折叠、堆叠、穿线……

大自然在春天变得生机勃勃。树枝长出了新芽，嫩叶在枝头舒展——这都是能发挥创意的极好的花材。当把树枝与郁金香结合时，你一定可以感受到春天的气息。

蓝色的确不是我们直觉里指代自然的第一种颜色。然而，自然中有一系列的蓝色的春日鲜花：鸢尾、风信子、蓝色葡萄风信子、勿忘我、银莲花、紫罗兰。梦幻般的鲜花激发出我们"创新"的能力，感受到花朵的生命力。

我们也可以把春意带到餐桌。运用一些非常特别的鲜花，如黄金球、星芹、铁线莲、康乃馨、情人草……您可以设计出令人眼前一亮的餐桌花作品。

早春也意味着那第一朵花虽然娇弱但仍然可以穿破冰雪。在我们《创意花艺——春生的色彩》一书中，铁筷子是早春花材的不二之选。花艺师围绕着"生命的快乐"这一主题创作了许多绮丽多彩的铁筷子设计。

情人节也提醒着我们春天即将到来。《创意花艺》的花艺师用代表性的心形图案带来创意灵感，相信您的爱人会喜欢这份春的爱意！

6 Get to work on these FLOWER THEMES

28 情人节 Valentine's Day
36 小枝意趣 Having fun with twigs
46 桌畔春天 Spring at the table
52 怒放的春之蓝 A crazy blue spring
60 花艺色彩潮流——春日的"生命力" Colour trend 'Biological'
68 铁筷子演绎——"生命的快乐" Hellebore "Joie de vivre"

Valentine's Day
情人节

如果不想用话语来表达心中的爱意，
那么鲜花就是最好的爱情使者。
用爱心的形状，
您可以为情人设计出爱意满满的佳作。

A Heart of Sunflower Stems Filled with Spring
向日葵花茎托起的爱

树莓、黑莓藤蔓、多花素馨（狗牙花）、素馨藤蔓、东方铁筷子、马醉木、花毛茛、澳洲米花（小米花）、郁金香、欧洲荚蒾、曲枝垂柳、干燥并漂白的向日葵花茎

Rubus, Jasminum polyanthum, Helleborus orientalis, Pieris japonica, Ranunculus 'Malva', Ozothamnus, Tulipa 'Gorilla', Viburnum opulus 'Roseum', Salix babylonica 'Tortuosa', Helianthus annuus, dried, bleached sunflower stems

胶枪、心形花泥、羊毛、白色毛毡、塑料薄膜

1. 将心形花泥边缘处理光滑、浸湿。周围贴上一层塑料薄膜，并在上面粘上一圈白色毛毡。
2. 将所有向日葵花茎粘在这个心形结构的外壁。如果想做出心形的尖端，就要随着心形的形状调整花茎高度，让其看起来具有层次感。
3. 在外围再粘上一些向日葵茎，可以让外观看起来更美观。
4. 现在可以开始插入鲜花了。
5. 当插好所有的花朵后，可以将一些剥皮柳枝排列在整个造型上以画龙点睛。还要在上面一些插一些树莓藤蔓和素馨藤蔓。

莫尼克·范登·贝尔赫

Lily Grass Embracing Ranunculus
麦冬叶簇拥的花毛茛爱心

花毛茛、阔叶麦冬、多花素馨（狗牙花）

Ranunculus 'Pon-pon',
Liriope muscari, Jasminum polyanthum

铁丝、拉菲草、亲水材料装饰珠、胶水

1. 用花毛茛插满心形架构。
2. 用铁丝和拉菲草制作一个三脚架，并将心形架构放在三脚架上面。
3. 在心形架构周围缠绕阔叶麦冬草并将所有植物粘在一起。
4. 用一些素馨藤蔓调整一下整体造型。

31

情人节

Fragile Flower Heart
敏感娇弱的花之心

玫瑰、非洲菊

Rosa 'Red Naomi',
Gerbera 'Aqua Pomponi Roteiro'

心形花泥、大米纸、双面胶、胶枪

1. 浸湿心形花泥底座，并在边缘粘上双面胶带。
2. 将大米纸粘在双面胶上面。用胶枪涂胶在大米纸上，这样能轻松在外层添加更多的大米纸。
3. 然后插入玫瑰和非洲菊，并将花朵均匀布置。

简·德瑞德

情人节

A Warm Woolly Heart Shape
温暖的羊绒爱心

鹿蕊（驯鹿地衣）、香豌豆、
花毛茛、贝母、野葡萄、
柔毛羽衣草、日本樱花

Cladonia, reindeer moss, Lathyrus odoratus, Sweet pea
Ranunculus 'Azur Light Pink', Fritillaria uva-vulpis, fox grape
Alchemilla mollis, Lady's Mantle
Prunus serrulata, Japanese Cherry

心形花泥、毛毡、铁丝、短截毛线、
短截铁丝、绑束线、订书钉

1. 将毛毡用胶粘贴、包裹并用铁丝和毛线缠绕，用在心形结构的一侧。
2. 在心形结构的两侧铺上银色的苔藓，并用苔藓来遮盖花泥底座。
3. 用订书钉将银色苔藓固定在花泥上。
4. 用日本樱的枝条搭起网格状架构，灵活随性地插入一些花朵。先插花毛茛，然后插入贝母。造型一定要错落有致，像波浪一样起伏，这样心形架构看起来就不会太单调。
5. 再将香豌豆插入花泥，并用柔毛羽衣草进行装饰。

菲利浦·巴斯

Having fun with twigs
小枝意趣

缀满芽苞的枝条构建的植物架构，
衬托起色彩鲜艳的郁金香。

Geometric Twig Shape
几何枝干造型

椴树枝条、郁金香
Tilia, lime tree twigs, Tulipa 'Horizon'

装饰铁丝（颜色与枝条相同）、2只矩形玻璃瓶

1. 将椴树枝成组绑成三角形。
2. 将这些三角形树枝组合系到一起。
3. 将树枝分别插到两个花瓶，并将间隙处插入郁金香。

莫尼克·范登·贝尔赫

Bent Twigs
弯折的几何枝条

2 种郁金香、煮后、剥皮的柳树枝条、椴树枝条

Tulipa 'Icoon', Tulipa 'Gorilla', Salix, boiled, willow twigs, Tilia

黑色橡皮筋

1. 将柳枝和椴树枝按照相同角度弯折。
2. 将新鲜的椴树枝条放入花瓶中,并用黑色橡皮筋将干燥的柳枝条系在花瓶外面。
3. 然后在树枝间插入鲜花。

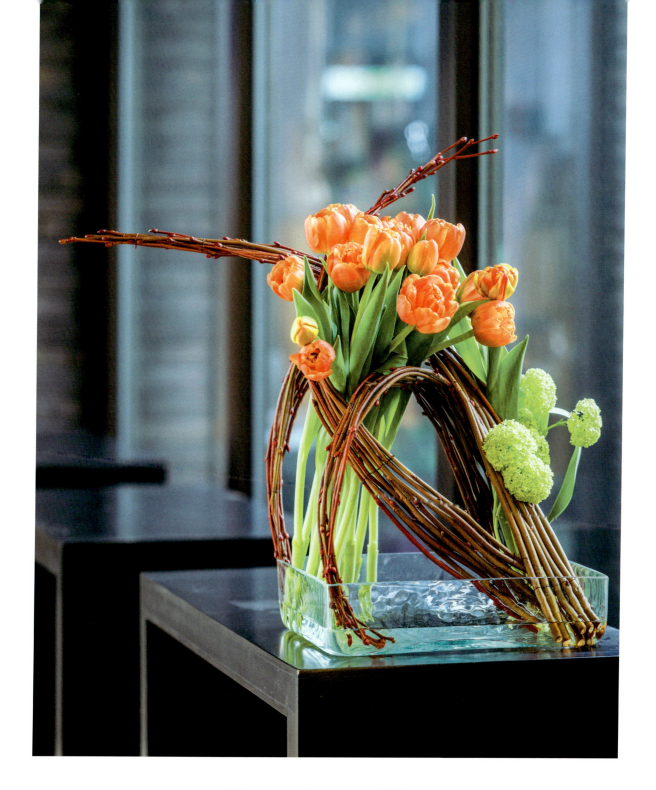

Bent Lime Twigs
弯曲的椴树枝

**椴树枝条、郁金香
欧洲荚蒾**

Tilia, lime tree twigs
Tulipa 'Icoon', Viburnum opulus 'Roseum'

**大型玻璃容器、
装饰铁丝（与树枝颜色相同）、铁丝**

1. 将枝条绑定成细长的三角形束。用丝线将这些三角形枝束牢固地系在一起，这样就做成支撑作品的架构。
2. 将树枝放到玻璃容器中，装上水，将郁金香和欧洲荚蒾插在支撑架构中。

莫尼克·范登·贝尔赫

Budding Spring
萌芽之春

唐棣枝条、木兰枝条、波斯贝母枝、郁金香、柔毛羽衣草、白发藓

Amelanchier, shadbush branches, Magnolia, branches, Fritillaria persica 'Graceful Dreams', Tulipa 'Queensland', Alchemilla mollis, 'Lady's Mantle', Leucobryum glaucum

花泥、剑山

1. 把花泥侧放入花器中，这样花泥更高，更能附住重的枝条。
2. 可使用一些剑山更好地固定花泥。首先插入树枝并在树枝簇的顶部将树枝系到一起，这样搭建一个牢固的结构。
3. 以不同的高度插入波斯贝母。然后插入郁金香并用柔毛羽衣草修整完善作品。

Tulip Meets Azalea
郁金香邂逅杜鹃花

郁金香
杜鹃花，坚硬的、长着青苔的野生杜鹃花枝条

Tulipa 'Princess Irene'
Azalea, hard Ghent azalea branches with lichen

圆柱形花瓶、捆扎带、大碗

1. 做架构：首先取一个圆柱形花瓶，在周围缠上一条大的松紧带，然后插入树枝。最后用线将树枝系在一起。当树枝结构牢固时，取出花瓶，留下树枝架构。
2. 将架构放在一个大碗中间，将郁金香插到架构中，并根据需要将它与郁金香用绳系到一起。最后将蜡烛放在架构中央。明亮的烛光象征着春天。

Amaryllis Blooms Like a Tulip
种下朱顶红开出郁金香

朱顶红鳞茎、郁金香、卫矛、山茱萸枝条

Hippeastrum, amaryllis bulbs, Tulipa, Euonymus alatus, Cornus, dogwood twigs

捆扎带、盛着水的碗状容器

1. 将少许朱顶红鳞茎放入碗中，并把山茱萸枝条与这些鳞茎捆在一起。
2. 在中间放置一些卫矛树枝并用绳将它们绑牢。最后用郁金香点缀其中。

Spring at the table
桌畔之春

春天吸引我们外出探索，但我们也可以采撷一捧春意置于桌上。苏伦（Sören）用黄金球构建出金字塔般的结构。思琳（Céline）用康乃馨打底，结合铁线莲、情人草，创造一隅色彩缤纷的餐桌。马丁（Martine）将玉兰树枝与娇弱的白色星芹组合运用。以上创意由设计师与知名鲜切花进口商马吉帕尔（MARGINPAR）公司合作实现。

Great Masterwort in a Bed of Spring
春之摇篮

木盘、玉兰树枝、细枝大星芹、绣球花

Wooden disk
Magnolia, twigs
Astrantia major 'Pink Pride', Great Masterwort
Hydrangea

丝带、小试管、火鸡羽毛、钻

1. 在木盘上钻孔，并将玉兰树枝固定在木盘上。
2. 使用丝带制作两个环形——一个比另一个略大。将大小两个环形物组合在一起，框住部分玉兰枝条。将包裹有羊毛的小试管瓶插入其间。将大星芹插入试管。
3. 在空隙中用羽毛装饰，并在作品适当位置粘上若干绣球花。

马丁·默森

48

桌畔之春

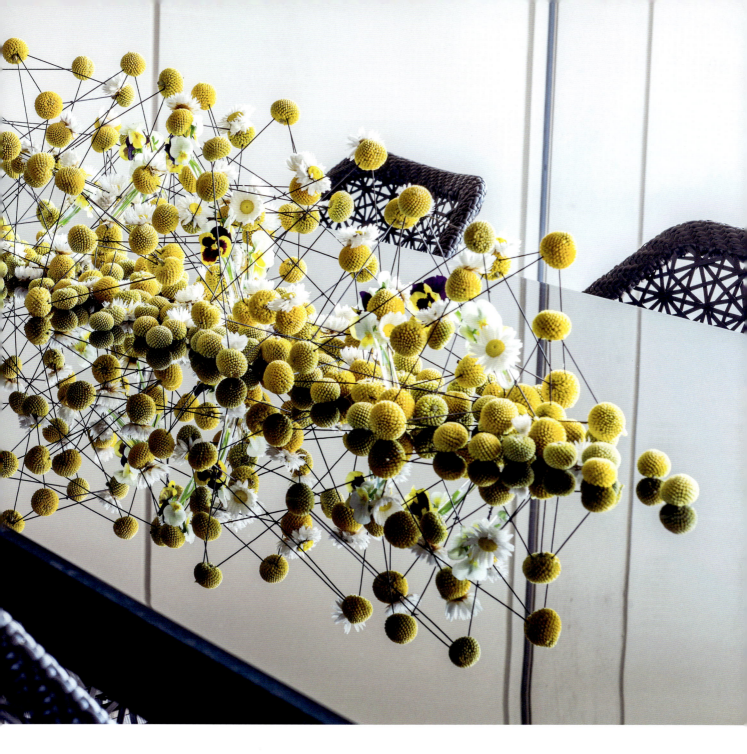

Craspedia Connects Mikado
菊与黄金球

黄金球、三色堇、麦秆菊

Craspedia globosa,
Viola, Helichrysum bracteatum

冷胶、胶带、小试管、截断的铁丝

1. 将铁丝截断成长短不一的小段。拿起6根相同长度的铁丝。将一只黄金球，插入3段铁丝，用冷胶将连接处固定。在3段铁丝的另一端插入黄金球。接着将另外3根铁丝插入黄金球，形成宛如金字塔的三棱锥结构。

2. 依照此方法将不同大小的"金字塔"相互连接，直到将它们组合成一个漂亮、稳固的大型架构。用胶带将小试管瓶粘贴到架构上。将三色堇放入其中，并在干燥的麦秆菊背面涂上胶水，粘上去加以点缀。最后在桌面上洒一些剩下的黄金球，以获得更佳视觉效果！

苏伦·范·莱尔

Carnations with a Touch of Clematis
铁线莲在康乃馨花间绽放

3 种康乃馨、
2 种情人草、
2 种铁线莲、拟石莲花属多肉植物

Dianthus 'Caramel', Dianthus 'Nob Burgundy',
Dianthus 'Fabulous', Limonium 'Scarlet Diamond',
Limonium 'Pina Colada', Clematis 'Kibo',
Clematis 'Miami', Echeveria

两块木板、木材块（10cm×5cm×5cm）、冰棒棍、螺钉、胶枪、中号桌花花泥

1. 用木板做一个木盒状结构。
2. 在木结构周围粘上冰棒棍（切掉冰棒棍圆形末端）。将两个中号桌花花泥放置在花盒的中间。
3. 其中一个木制花盒，把最大的花朵先插入花泥中，然后加入较小的花朵。另一个木制花盒，把多肉从花盆中取出，将它们放在花泥上面。

思琳·莫罗尔

桌畔之春

A crazy blue spring
怒放的春之蓝

蓝色在某种程度来说是一种非自然的色彩。然而春风里，斑斓的蓝色花朵俯拾皆是：鸢尾、风信子、葡萄风信子、勿忘草、银莲花、紫罗兰……它们启发我们"跳出常规"，让我们在春日里展开创意的想象力。

Filled Dogwood Twig Basket
山茱萸花篮

**蓝盆花、飞燕草、独行菜、铁线莲、
蓝星花、金枝梾木（山茱萸）**

Scabiosa caucasia, Delphinium, Lepidium 'Green Bell',
Clematis, Oxypetalum coeruleum,
Cornus sericea 'Flaviramea', dogwood

碗

1. 将一些山茱萸弯折铺满碗底。再用山茱萸扎成空筐结构，枝条相互绕紧绑牢，然后将其浸入装有水的碗中。
2. 把各种蓝色的花朵插入这个架构，确保水浸没这些花朵的茎。

Everything Blue
一切皆蓝

**干香蕉叶、卷草、风信子、
蓝星花、银莲花、虎皮兰、
蓝色葡萄风信子、白色花葱、勿忘草、堇菜**

Musa, dried banana leaf, Cortina, Hyacinthus,
Oxypetalum coeruleum,
Anemone coronaria, Sansevieria, Muscari,
Allium neapolitanum, Myosotis, Viola, wooden discs

圆柱木段、空的蓝色塑料瓶、圆柱形玻璃花瓶

1. 找到相同直径的圆柱花瓶和圆柱木段。
2. 切开一个蓝色塑料瓶，将下半部分放入玻璃花瓶中。
3. 螺旋式切割瓶子其余部分到颈部以下。将瓶盖拧好，剪开的螺旋塑料圈绕在玻璃花瓶瓶口，这样插堇菜的花器就做好了。
4. 现在将其他蓝色平行捆扎好后插入花瓶中。在花束之间插上一片虎皮兰叶。
5. 将干燥的香蕉叶和卷草环绕，固定在花瓶外壁。最后将堇菜插入塑料瓶。

56 | 怒放的春之蓝

Mounted Piece
烹一盘花肴

银莲花、葡萄风信子、勿忘草、蓝星花、蔷薇藤蔓、飞燕草、水甘草（蓝色）、小菊（绿色）

Anemone coronaria 'De Caen', Muscari armeniacum 'Marleen', blue grape hyacinth, Myosotis, Oxypetalum coeruleum, Rosa 'Guirlande d'Amour', Delphinium 'Ballkleid', Amsonia 'Tab Night Sky', Chrysanthemum 'Santini Country'

蛋糕形花泥、剑山、固定架、大只黑色平碗、铁质底座、加拿大板岩颗粒

1. 将碗粘在铁质底座上。使用剑山将蛋糕形花泥饼固定在碗上。
2. 在花泥周围撒上黑色板岩颗粒。用蔷薇蔓在花泥周围绕成一个环，然后按照以下顺序将花材插入黑色蛋糕形花泥中：飞燕草、勿忘草、蓝星花、银莲花、葡萄风信子，最后插入水甘草。最后将一些小菊插入花泥的侧面。

Cones Filled with Blue Spring
蓝色春之巅

堇菜、星花风信子、白桦树枝、蓝星花、风铃草
Viola, Scilla, Betula, birch twigs
Oxypetalum coeruleum, Campanula

大米纸、人造衬里剑麻锥形筒、胶枪、圆形硬质纤维板、花泥

1. 用胶枪将白桦树枝粘到一个圆形硬纸板上,做成一个牢固的架构。
2. 将包裹在大米纸中的剑麻锥形筒连接到桦木架构之间。
3. 将花泥放入锥形筒并将花朵插入其中。

Colour trend "Biological"
花艺色彩潮流
——春日的"生命力"

大自然一直是花艺创作的主要灵感来源。你会在自然中发现所有可能运用的颜色和丰富的植物形态。选择绿色、紫色和粉红色作为代表"生命力"的春日色彩潮流,用自然中获取的灵感来诠释你的作品。

On Strung Banana Bark
一株鲜花树

柳叶菜、火龙草种子、洋桔梗、圣诞蔷薇、欧洲荚蒾、多花素馨、干燥的香蕉叶、桑皮纤维

Epilobium, fireweed seeds, Eustoma russelianum, Helleborus orientalis, Viburnum opulus 'Roseum', Jasminum polyanthum, Musa, banana leaf Morus, mulberry fibre

铁丝、花瓶（圆柱形或圆形）、方形木片、11根截断的铁丝

1. 在方木块中钻一个孔。捆绑11根截断的铁丝，将它们一端扎紧，末端打开，使之呈底座形状。
2. 散开的末端整理一下，扎紧处用香蕉树叶缠绕，使之与木块颜色相同。将铁丝束扎紧的一端插入方木块的孔中。
3. 切出相同形状的长方形香蕉叶，并将其穿过截断的铁丝，使其略低于铁丝高度的1/3。在铁丝外面缠上一些天然的桑树皮。其余的铁丝不穿香蕉叶，也用薄薄的桑皮纤维包裹。在铁丝架构中央放一个花瓶。
4. 在架构之间插入花朵，使它们的花茎插在花瓶中，花朵露在架构外面。

莫尼克·范登·贝尔赫

花艺色彩潮流——春日的「生命力」

Braided Nests
餐桌上的花巢

柳树枝、萝卜、玫瑰、欧洲荚蒾、万代兰

Salix alba, Brassica napobrassica, Rosa 'Gorki Park', Viburnum opulus 'Roseum', Vanda 'Chocola'

小试管瓶

1. 用柳树枝做一些花环。在萝卜上挖一个洞，然后将小试管瓶插入其中。
2. 在萝卜中插入鲜花，并将它们放在柳条花环上。多做几组，在花巢间点缀一些萝卜。

赫尔曼·范·迪南特

Wrapped Circles
花朵在圆圈里跳舞

**日本樱、银莲花、
2种郁金香、柔毛羽衣草、
独行菜、铁线莲、花毛茛**

Prunus serrulata, Anemone 'Mona Lisa',
Tulipa 'Rems Favourite', Tulipa 'Sensual Touch',
Alchemilla mollis, Lady's Mantle
Lepidium 'Green Bell', Clematis 'Inspiration'
Ranunculus fuchsia

碗、锌制粗线、截断的铁丝、捆扎线（棕色）

1. 用相同尺寸的铁丝段制作两个圆圈并把它们上下连接在一起。这样可得到一个合适的插花架构。
2. 用棕色捆扎线完全包裹住圆环。
3. 现在在两层圆环间插入所有的花枝，形成一个稳固的基底，你可以在此基础上松散地插入其余的花朵。向碗中注入水，确保花茎浸没在水中。

"细菌的研究在科学创新的前沿,每周都有新发现"

"Bacteria are at the orefront of scientific innovation. New applications are found weekly."

Colour trend
BIOLOGICAL

花艺色彩潮流——春日的"生命力"

现在我们生活方式与大自然相距甚远。例如,食品生产已经成为一种产业,在这种产业中,自然的乌托邦观念几乎得不到什么认可。许多人在了解到他们每日所食是用何等方式被加工出来之后,大为震惊。他们转而求诸于素食、农场种植和养殖的食材,并有意识地注重消费的选择。据报道,约有 6% 的美国人称自己是素食主义者。虽然素食主义者数量仍然很少,但自 2014 年以来已增长了 500%。未来这一比例还将持续增长。

我们正逐渐意识到自然的恩赐是有限的,并在寻求解决方案,以便有效地利用大自然馈赠,让我们的生活更美好。例如,科学家们转向细菌研究,来帮助我们寻求更健康和更好的环境。事实证明,这些生物从一开始就生活在我们的星球上,尽管它们的个体很小,但它们实际上非常强大。细菌的研究处于科学创新的最前沿,每周都会发现它们的新用途。例如:从一个人的皮肤表面提取的有益细菌可以移植到另一个有难闻体味的人身上,一劳永逸地消除体味问题。在农业中,细菌正被用作更具环保理念的杀虫剂替代品。细菌也可以通过"吞噬"垃圾使我们的星球变得更清洁。细菌甚至可以让核废料更安全。所有这些科学研究都被运用到包括化妆品等消费产品中。细菌的研究表明,与大自然合作才是未来发展所趋。

丰饶的大自然是许多创意的灵感来源,也是各种时尚、设计潮流的点金石。它是一个材料丰富、色彩斑斓的生态系统,我们将展现"生命力"的花艺色彩潮流聚焦在绿色、紫色和粉红色。漫漫的植物历史和科学相遇,正如耶伦·博世(Jeroen Bosch)显微镜下的菌落与植物的惊奇邂逅。

Vegetative Torches
植物火炬

白珠树叶、飞燕草、绣球花、绿色康乃馨、蓝星花

Gaultheria shalon, Delphinium 'Blue Nile', Hydrangea, Dianthus 'Green', Oxypetalum coeruleum

扁桃木火炬形烛台、木枝、钻或硅胶、塑料薄膜、花泥

1. 通过在火炬形烛台上钻孔或使用一些硅胶将木枝粘贴到木制烛台上。
2. 然后开始往木枝上串绿植材料：串上扁平的白珠树叶、串上康乃馨做成花朵扣。
3. 要将飞燕草和绣球留长一点，首先将一片铝箔包裹的花泥贴在棍子上，再在花泥中插入鲜花。
4. 然后在其他两个木质架上放一些蜡烛，一个漂亮的静物画就此产生。
5. 这是一个能保持很久的作品，因为花朵会造型完好地慢慢干枯，形成干花作品。

简·德瑞德

Hellebore 'Joie de vivre'
铁筷子演绎
——"生命的快乐"

铁筷子是一种非常娇嫩和脆弱的花，同时铁筷子也非常顽强，可以抵御冰雪和寒冷。它是一朵散发着"生命的快乐"的花朵。

Richly Filled
丰腴之美

铁筷子、日本茵芋、棉花、香蕉叶、异叶藓

Helleborus niger, Skimmia japonica,
Gossypium, cotton plant fruit
Musa, banana leaf
Kindbergia praelonga, common feather moss

碗、花泥、描图纸、石蜡、玻璃瓶、胶

1. 用干香蕉叶包裹在花器的外面。向花器里填充花泥，用苔藓覆盖花泥。
2. 用描图纸制作出圆锥纸筒结构，用胶水将锥形筒一端封闭，然后将它们浸入石蜡中，得到形态稳固的锥形花器。石蜡也可确保纸筒具有冬天的视觉效果。
3. 将石蜡纸筒插入花泥中。
4. 在纸筒中插入装满水的小试管或玻璃瓶，并插入铁筷子、日本茵芋和棉花。最后用少许苔藓进行装饰。

库尔特·蒂尔金

Cherished and Safe
珍视与呵护

东方铁筷子、椰子壳、青苔

Helleborus orientalis,
Cocos nucifera, Lichen

MDF 板、枣椰树皮、扁藤、热熔胶、小试管瓶、纸板、大米
金色漆、白色 LED 灯、铁棒（直径 5mm）

1. 像寺庙中的佛塔一样的造型方法，将染色后的不同尺寸 MDF 方块木材层层粘好，做一个扇形的"楼梯"。以表现出东方铁筷子的神圣特征。
2. 用铁丝加固纸板做叶子，然后用喷涂了金色油漆的大米粒覆盖其上。将叶子粘贴到纸板上，并另外制作枣椰树皮质感的叶子。
3. 用这些叶子做一个莲花状结构，可在其中放置铁筷子花。
4. 将扁平正方形白色藤条串到弯曲的铁棍上，并形成一个与树皮形状匹配的弯曲形状。
5. 将热熔胶挤入冰水中，其冷凝后可以制作一个用于固定小试管瓶的花边片。
6. 将铁筷子插在在小试管中。由隐藏在木质底座中的 LED 灯照亮整个花艺架构。这一缕光照象征着神圣之光。最后用一点干燥的苔藓装饰完成作品。

鲁格·里格

Richly Filled
玉兰对话铁筷子

玉兰叶、女贞浆果、东方铁筷子，2 种铁筷子、盆栽土壤
Magnolia grandiflora, Ligustrum, Helleborus orientalis, 2 lenten rose plants, potting soil

干花泥、喷漆（黑色）、订书钉、长钉订书钉、塑料薄膜、铁支架、喷胶

1. 将球形干花泥切成所需的形状，并将隔热泡沫包在球形花泥周围形成一个基座。
2. 没有被包住的接缝、孔洞用隔热泡沫用长订书针钉住。
3. 在顶部开一个口，稍后插入植物。将长订书钉喷成黑色。
4. 将玉兰叶对折，叠成双层，然后在折叠处用黑色订书钉钉牢。一层层累加玉兰叶。
5. 将底座放在铁架上。在形状的开口处"种"上铁筷子（用塑料薄膜包裹住花丛、花泥块）。
6. 使用喷胶喷涂缝隙，并撒入一些黑色女贞浆果。
7. 在支架下面上放一些盆栽土，以保持自然效果。

Hellebore Set Sail
扬帆起航

煮熟并剥皮的柳枝、铁筷子

Salix, Boiled, Peeled Willow Twigs
Helleborus Niger, Christmas Rose

聚碳酸酯板、捆扎带、松紧带、小试管瓶、线锯、钻

1. 将三根去皮的柳树枝条相互连接，制作尺寸不同的等边三角形。
2. 将这些等边三角形作为模板，在彩色聚碳酸酯板的内侧（2mm）描样，并用线锯切割出这些三角形。
3. 用钻头在聚碳酸酯三角形的每个角上钻两个孔。将聚碳酸酯三角形绑定到柳树三角形中。
4. 将三角形从小到大彼此绑定，取得斐波那契螺旋。使用线连接三角形。
5. 用松紧带固定玻璃瓶，注水，插入鲜花。

Bobbins for Vases
五彩线轴也青春

蓝星花、东方铁筷子、堇菜、欧洲荚蒾、文心兰、白发藓、美洲商陆

Oxypetalum coeruleum,
Helleborus orientalis, Viola, Viburnum opulus 'Roseum',
Oncidium, Leucobryum glaucum,
Phytolacca americana, American pokeweed

金属结构、圆形木盘、豆荚果、黑色花用喷雾油漆、缝纫线轴（480 梭芯）、玻璃小试管瓶、塑料小瓶、胶枪和胶棒

1. 将豆荚果用胶粘贴在圆形木盘的一面，留一些空隙以便将木盘旋入金属结构中。在旋入处粘一些豆荚果盖住接口。

2. 切下一块新月形状的纸板，然后用胶水将各色的缝纫线轴沿着造型的方向粘在纸板的一面。每隔 5 cm 将带橡胶帽的塑料小瓶用胶粘在纸板背后。将纸板连接到金属框架上。用缝纫线轴覆盖在连接处，以遮盖接口。

3. 将若干玻璃小试管瓶用胶固定在大木盘上，并在前面以蒙太奇的手法粘贴各色线轴。

4. 将鲜花插入各处小瓶，完成作品。

A Feeling of Early Spring
早春之悟

铁筷子、苋菜、桑皮纤维

Helleborus 'Penny's Pink', Amaranthus 'Yearning Desert', Morus, mulberry fibre

碗、石蜡、小试管、彩色黄麻、绳子、冷胶

1. 加热石蜡并将碗完全覆盖。
2. 用石蜡将黄麻棒和树皮片固定在碗的中间。
3. 将带有绳子的小试管瓶系到树皮和黄麻棒上。
4. 插入苋菜，将小试管粘到适当的位置。
5. 将铁筷子插到瓶中。

Abrasive Sponge on Centre Stage
海绵焦点

铁筷子

Helleborus orientalis

馅饼形状的花泥、羊毛线、金属磨砂海绵、冷色喷漆、铝线、订书针、一截铜管、小试管、木块（含组装的金属支架）

1. 在花泥饼中央开一个口，以便支架能够穿过。这也方便接下来用羊毛包裹这块花泥。
2. 将海绵（喷涂成金色）穿在铝线上，围绕在花泥饼外圈，并用订书订将海绵固定在花泥饼的外面。
3. 用羊毛线再次包裹海绵和花泥饼，现在一切都已就位！
4. 在花泥饼中间开口处插入铜管。在海绵上开一个小孔以插入小试管瓶。
5. 将整个结构组装在底座支架上，在试管中加水并插入铁筷子。

希尔德·德莫尔

Wicker Fireworks
柳条焰火

绵毛水苏、多花素馨、铁筷子
Stachys byzantina, Jasminum polyanthum, Helleborus orientalis

染色柳条、金属丝、珍珠、玻璃试管、片状花泥、绿色石头

1. 用金属丝缠绕在柳条外,以便能给柳条塑型。
2. 把干花泥修成圆形,用缠着金属丝的柳条排列在整个圆圈外面,这样就可以得到五彩缤纷的"烟花"。
3. 将部分已折叠的绵毛水苏叶和用丝线串好的珍珠放在柳条烟花之间的金属线上。
4. 用完整的绵毛水苏叶盖住柳条底座。将玻璃试管插入花泥中。用绿色鹅卵石覆盖底部。插入铁筷子,然后用素馨花藤装饰。

Blooming Birch Wreath
盛开的花环

铁筷子、多花素馨藤、熊草、桦树枝

Helleborus orientalis, Jasminum polyanthum, Xerophyllum tenax, Betula, birch twigs

塑料小瓶、棕色喷漆、捆扎绳、铁环

1. 做一个底座。将绳子缠绕铁环周围。
2. 在外面缠绕桦树枝，直到形成一个漂亮的花环，然后用绳子把花环系到在底座支架上。
3. 将塑料小瓶喷涂成棕色，并将其水平插入树枝之间。
4. 将铁筷子插入小瓶。
5. 将素馨花藤缠绕到花环上，用熊草叶片装饰。

JOIE DE VIVRE

生命的快乐

丽塔·范·甘斯贝克
Rita Van Gansbeke

能受邀来到位于比利时奥斯特坎普（Oostkamp）的海特·威尔根布鲁克（Het Wilgenbroek）这样一个美丽的苗圃的确是一种的快乐、美妙的体验。我在"生命的快乐"这一创作主题中选择了铁筷子这种花材，它们是寒冷的冬季一抹温暖的色彩。

我想跟随克里斯托（Christo）大师的脚步……在作品运用到了编织花环、管子、圆环、花泥、椅子、外框、织物材料……

我用大约90根小胡桃树枝装饰了一个7米长的节日餐桌，编织着铁筷子的条状布艺在餐桌上蜿蜒展开。

餐桌的盘子上面，"太阳"形状的花艺轻轻地盖在上面，长桌中央的布料桌旗上，装点了更多的铁筷子。

生命的快乐

为了表现"家中的铁筷子"这一空间设计,我还特别用布艺织物做成花环等造型,其中包裹着插在小试管瓶里的铁筷子。

International Hellebore Days

国际铁筷子节

位于比利时奥斯特坎普（Oostkamp）的苗圃海鲜·威尔根布鲁克（Het Wilgenbroek）因为丰富的铁筷子品种而闻名世界，每年2月面向铁筷子的爱好者开放。

周末有许多不错的相关主题讲座、展示和旅游活动。每年还举办一个专业的花艺展览。2019年，花艺展示的作品都来自我们的《创意花艺·居家》（*Fleur@Home*）的合作伙伴安·德斯梅特（Ann Desmet）。今年是第五次举办专业花艺设计比赛，期待揭晓"铁筷子花艺术奖"（the Helleborus Floral Award）。

83

生命的快乐

帕斯卡尔·范纳

> 法国最佳手工业者奖（Meilleur Ouvrier de France，简称 MOF），2007 年至今
> CFA 花艺师（25 年授课经验）
> 法国和欧洲的知名花艺师
> 中国大陆、中国台湾、大溪地、日本……国际展艺师
> 法国及国外花艺类大众及专业杂志的特约审稿人、通讯作者
> 产品体验师 (Feuillazur Lyon，多个展会)

无穷尽的**创造力**
为我加分

Pascal Phaner

My creativity is endless and that is a plus for me!

您是如何成为一名花艺师的？为什么要从事这个行业？
当我毕业时，我不想马上服兵役。我那时候的女朋友想成为一名花艺师，这就是我做花艺师的机缘巧合。目前我从事这个行业已经超过30年了！

成为法国最佳手工业者奖的获奖人对您意味着什么？
法国最佳手工业者奖品（MOF）这个荣光的称号对我而言意味着我的人生轨迹又向前迈进了一步。我的专业已经小有成就，但MOF的头衔对我个人来说是一个很大的挑战。在比赛前我曾去过亚洲，举办过一些教学活动。然而，这个比赛成为我花艺之旅外的一项意外收获，它也是我生涯中的新里程。我的花艺技术水平提高了很多。

对您个人而言，插花的意义是什么？
对我来说，插花是设计师和观众之间一种知识、技术、色彩、气味、思想的交流……观众受邀请来欣赏作品，观察它的构图并从中解读花艺师想传达的内容。

您的工作流程是怎样的？
我的工作有很多不同的方面，尽管基本原理是相同的。零售的工作有特定的规则。花艺展览表演的话，你必须协调花材零售商的意愿和自己的想法。对于办花艺表演交流活动，你要受到预算和目标的约束。在假期或业余时间里，我会与工作地点和本地的植物一起"自由工作"。

你对材料，颜色或季节有偏好吗？
所有与季节、材料、颜色有关的东西都令我感兴趣，任何东西都可以吸引我……

你喜欢在花店工作吗？或者您更喜欢当教师、设计师或培训师？
多年来我不得不身兼数职，我不能把自己局限在花店里。就我自己的事业而言，我不会选择被堆积如山的文件压得喘不过气来的工作方式。我习惯无拘无束。所有的活动都让我忙碌起来，它们让我在工作中不会打瞌睡，并且磨砺了我的创造力。

你是否借作品传达着某种信息？
人们认可我的作品，但我没法给它下定义，也不能明确说它传达的信息。我像是一块"海绵"。我投入工作是源于我想要使用某种花或者植物。我不创作一成不变的花艺组合。我的作品会随着我对花的兴趣的变化而变化，偶尔会推出一些展示我阶段性工作的作品。

你教学、做表演，这对你来说意味着什么？
正因为如此，我能有机会认识各种各样的人，他们有着不同的背景，但对花艺有着同样的热情。

除了 MOF，你参加过其他比赛吗？你有没有当过比赛评委？
在 25 年多的教学工作经验中，我多次参加比赛，多次获类，也是专业教育背景下的评委。我还参加了奥赛斯杯，并在 MOF 比赛中担任评委。然而，由于我参加的各项活动，我能够专注在花艺上的时间越来越少。

在艺术（或花艺）领域中，有你喜欢的设计师吗？为什么？
我非常喜欢盖·马丁（Guy Martin）的作品。他是将鲜花和珠宝元素融合进行设计的先驱者。他促使我不断尝试新的挑战。我也是吉勒斯·波特希尔（Gilles Pothier）的粉丝，当然还有葛雷欧·洛许（Gregor Lersch），克劳斯·瓦格纳（Klaus Wagener）等许多人，他们都有着"生动"的想象力。

你在哪里找到作品的灵感？
我的灵感来源很丰富：电影、博物馆、绘画、自然、行业、会议、动物……在创作我的花艺作品时，我会将灵感来源在脑中吸收加工，然后从中提出我的创作灵感。

The creations of Pascal Phaner
帕斯卡尔·范纳的创作

无论是出差还是度假，我都会随身携带一些工具以备不时之需……

我从大自然和花园里收集植物。在我走路时，我选择我想要用鲜花装饰的地方或物品，例如，我在海滩上的拍照、旧摩托车、枯死的树干或路边烧焦的木头……

我喜欢快速拍下场景的照片，喜欢用不同的元素尝试组合和设计。在拍好设计照片后，我就会把植物放回大海或留在原地，直到它们自然消失。

我也收集一些可回收的非植物材料。我在家里也用同样的方法做设计，比如处理一棵含水过多的仙人掌，还有我厨房里的水池或其他日常物品。

我的创造力无穷无尽。对我来说这是一个优势，而我接触的人并没有这么多……

 春日创作

高加索蓝盆花、花毛茛、
银莲花、飘香藤、刺芹、
蓝星花

Scabiosa caucasica, dove scabious
Ranunculus asiaticus
Anemone coronaria
Mandevilla splendens
Eryngium agavifolium
Oxypetalum coeruleum,
South-American periwinkle

0.635cm 厚亚克力板、2.5cm 直径亚克力棒、
12 号哑光蚀刻钢丝、
花胶、亚克力快速液状粘固剂、钻头

1. 从 0.64 cm 厚的亚克力板上切下一个直径为 31 cm 的圆盘。
2. 裁一根亚克力杆，直径 2.5 cm，长度 31 cm。在亚克力板上钻孔，其直径与哑光蚀刻钢丝的直径相对应。
3. 从金属线上剪下 6.35~7.65 cm 的长度。把金属线插入孔中。
4. 把花的茎剪掉，用花胶把切口封好，把花系在金属线上。
5. 将飘香藤穿过各种花缠绕一圈，使用亚克力快速液状粘固剂将亚克力棒连接到亚克力盘的中间，做成新娘花束的手柄。